Rune Mields   **2^{64}-1**   Die Schachlegende vom Weizenkorn

$2^{64}-1$

Die Schachlegende vom Weizenkorn

Rune Mields

DuMont Buchverlag Köln

© 1980 DuMont Buchverlag, Köln
Alle Rechte vorbehalten
Druck und buchbinderische Verarbeitung: Boss-Druck, Kleve

Printed in Germany   ISBN 3-7701-1252-0

Die *Weizenkornlegende* wurde von einem Perser namens Ibn Khalli-
kan im 13. Jahrhundert niedergeschrieben und ist Teil einer Legende
über die Erfindung des Schachspiels:

*In jener Zeit, als der indische Herrscher Shihram seine Untertanen un-
mäßig tyrannisierte, erfand der Weise Sissa ibn Dahir zur Belehrung
des Königs das Schachspiel, um ihm nachzuweisen, wie wichtig für
einen Herrscher seine Untertanen sind. Shihram begriff die Lehre und
ließ daraufhin das Schachspiel in seinem Reich überall verbreiten.
Als Dank für die Erleuchtung bot er Sissa ibn Dahir seine Schätze an
und stellte ihm einen Wunsch frei. Der Weise wünschte sich soviel
Weizen, wie sich auf dem Schachbrett folgendermaßen angeordnet
ergibt: Auf dem ersten Feld 1 Korn, auf dem zweiten 2 Körner, auf dem
dritten 4, auf dem vierten 8 usw., — auf jedem Feld doppelt so viele
wie auf dem vorhergehenden. Der König war erzürnt über die schein-
bar beleidigende Geringfügigkeit der Bitte. Aber der Weise bestand
auf seinem Wunsch und als man versuchte, seinem Anspruch gerecht
zu werden, stellte sich heraus, daß der gesamte Weizen des Reiches
nicht ausreichte, seinen vermeintlich so kleinen Wunsch zu erfüllen.
Damit hatte Sissa ibn Dahir dem König eine zweite Lehre erteilt: daß
man das Geringfügige nicht unterschätzen sollte.*

Etwas an dieser Geschichte, die Rune Mields in einem Text zu ihrer
Arbeit nacherzählt, berührt sehr menschlich. Mit Einsicht, Geschick
und Menschenkenntnis wird etwas in der Welt wieder ins Lot ge-
bracht, und das auf eine Weise, die dem guten Ende noch die wichtig-

ste Pointe abgewinnt. Die Legende handelt von einem Weisen und sie führt vor, was das ist, Weisheit: Einsicht, die sich nicht zu rascher Umsetzung in Taten instrumentalisieren läßt, sondern aus einer großen Ruhe kommt, ein Nachdenken, das aus dem Abstand die Dinge schließlich erreicht, sie begreift – und verändert.

Die andere Seite dieser Geschichte, die uns eher ›trocken‹ anmuten mag, handelt von Mathematik. Die *Weizenkornlegende* illustriert das Prinzip der einfachen Progression: aus 2 wird 4, aus 4 – 8, aus 8 – 16 und so fort. Sehr bald erreicht man den Punkt, an dem aus viel noch mehr wird und die Zahlen unserer Vorstellung davonlaufen. Dann geht es uns nicht anders als dem indischen Herrscher in der Legende: Auch wir können nicht glauben, daß bei dieser Zahlenreihung – zuerst allmählich und dann sehr rasch – solche Quantitäten erreicht werden. Die Arbeit von Rune Mields setzt an diesem Punkt an. In ihren 64 Zeichnungen, kühl und sehr genau mit Feder und Tusche auf 60x42 cm große Papierbögen gezeichnet, übersetzt sie den Inhalt der alten Erzählung in Anschauung. Indem sie das Maß eines Weizenkorns zu Grunde legt, geht sie ganz wörtlich vor. Mit dem 16. Blatt erreicht die Ausdehnung der schwarzen Fläche, die für die Menge der Körner steht, ein Maß, das bei einer weiteren Verdoppelung das Format des Zeichenpapiers sprengen würde. Also wird der Bezugsrahmen des Maßstabes gewechselt, die schwarze Fläche des letzten Blattes wird, im Verhältnis verkleinert, in den Grundriß des Kölner Doms eingezeichnet und die Progression erneut eröffnet. Bei jedem weiteren ›Sprung‹ ihres Systems findet Rune Mields einen neuen Bezugsrahmen, dessen Ausdehnung von uns mit sinnlicher Erfahrung aufgefüllt werden kann – die Stadtgrenze von Köln, der Grundriß Europas –, während die selbe Progression, ausgedrückt in Zahlenkolonnen, sehr bald an die Grenzen unserer Vorstellung stößt. Aus einer großen Zahl wird eine weitere größere, ohne daß wir den Zuwachs eigentlich erfahren und nachvollziehen können. In der Zeichenfolge von Rune Mields wird die konkrete Anschaulichkeit der Progression nicht nur erhalten, sondern gewinnt eine zunehmende Suggestivität. Die Zeichen, die Rune Mields zur Darstellung ihres Systems benützt, die Grundrißkontur einer Stadt, eines Kontinents, mögen im mathematisch-wissenschaftlichen Sinne ›unsauber‹ sein, die winzige Verschiebung vom ganz Abstrakten (der Zahl) zum mehr Konkreten (dem Bild) bewirkt jedoch eine Art ›Explosion im Kopf‹, ein ›Heureka‹ des Verstehens.

Das Ermöglichen sinnlichen Begreifens, das Erweitern oder auch nur Offenhalten unserer Vorstellungsfähigkeiten definiert man gemeinhin als die umfassende Funktion von Kunst. Die *Weizenkornlegende* von Rune Mields leistet dies. Der systematische Aspekt ihrer Arbeit bringt gewiß noch mehr Differenzierungen als mit diesen wenigen Worten der Erklärung angedeutet werden kann. Wenn die Mitteilung dieser Zeichenfolge sich nur darin erschöpfte, wäre sie doch kaum mehr als die schöne Illustration einer schönen Legende, d. h. sie wäre ›zeitlos‹, fiele aus Geschichte heraus.

Das Offenhalten von Denk- und Fühlfähigkeiten besagt für sich genommen noch nichts über die Wahrheit eines Kunstwerks. Damit meine ich den Punkt, wo es Geschichte, d. h. im Falle der *Weizenkornlegende* Gegenwart berührt. Zu oft erweist sich, daß unser Bedürfnis nach Erleben oder Nach-Erleben umgedreht und gegen uns gekehrt wird und wir also nicht zu dem, was uns umgibt, zur Wirklichkeit hin, sondern von ihr weggeführt werden. In den Zeichnungen von Rune Mields steckt eine Dialektik, die diese Blätter für mich erst eigentlich konkret und auf eine eigene Weise unausweichlich realitätsbezogen macht. Die *Weizenkornlegende* ist ein Modell für das Durchspielen eines mathematischen Systems. Sie ist damit natürlich zugleich das Modell dafür, wie innerhalb der uns umgebenden Systeme – etwa des ›Systems‹ Natur – ein Störfall sich ausbreiten, anwachsen und schließlich sprengend wirken könnte.

Gerade weil diese Arbeit zunächst so abgehoben erscheint von der Alltäglichkeit unserer Realität wie der Entwurf einer Illustrationsfolge für ein Mathematikbuch (obwohl ein solches Buch wohl erst noch zu schreiben wäre), ist es dieser Schluß, der sie zwingend in Wirklichkeit und in Gegenwart hineinstellt und ihr damit ihre eigentliche Bewußtsein-sprengende Anschaulichkeit gibt.

Georg Bussmann

Vor einiger Zeit erinnerte ich mich während eines Gesprächs mit Freunden über die mathematische Progression einer besonderen Variante dieses Problems: der *Weizenkornlegende.*

Sie war zwar nicht Gegenstand des Gesprächs, ging mir aber seitdem nicht mehr aus dem Kopf. Das Thema Progression erinnerte mich an etwas, was mich irgendwann einmal sehr fasziniert hatte, wenn mir auch der Grund der Faszination nicht mehr klar war. Ich ging deshalb der *Weizenkornlegende* auf den Grund.

Zuerst versuchte ich die Quelle zu finden. Das war nicht so einfach, ich kannte weder den Namen des Landes, aus dem sie stammte, noch irgendeinen genaueren Hinweis. Ich wußte nur, daß sie im Zusammenhang mit dem Schachspiel stand. Aber nach einigen Recherchen in Bibliotheken und Buchhandlungen fand ich dann sowohl die Geschichte als auch die Quelle, und stellte fest, daß die *Weizenkornlegende* jene alte Geschichte war, die das Problem der Verdoppelung und Progression beschreibt, die sich auf dem Schachbrett abspielt.

Mathematisch gesehen ein einfaches Prinzip. Das Schachbrett ist überschaubar, und man hat — wie der Herrscher in der Legende — den Eindruck, daß das Ergebnis der 64fachen Verdoppelung nicht sehr viel sein kann.

Wenn aus 1 − 2, aus 2 − 4 oder aus 256 − 512 werden, dann sind diese Progressionen für uns noch verständlich. Ab einem gewissen Punkt jedoch sagt die Verdoppelung reiner Zahlenkolonnen in ihrer steil ansteigenden Größenordnung nichts mehr aus.

Die Zahlen entgleiten unserer Möglichkeit zu begreifen und erreichen die Dimension des Unfaßbaren, des Unbegreiflichen. Da uns die große Zahl nichts mehr sagt außer, daß sie groß ist, sagt uns auch ihre Verdoppelung nichts mehr.

Genau das war es, was mich interessierte. Es faszinierte mich, diese Irritation durch die Dimension des Irrealen der großen Zahl einzukreisen und möglicherweise aufzuheben. Ich wollte das Problem der Verdoppelung über einen längeren Weg sehbar und einsehbar machen. Es sollte eine Möglichkeit gefunden werden, die 63fache Verdoppelung und die Summe des ganzen Vorganges zu sehen und zu verstehen. Dazu mußte das Problem zuerst vereinfacht, die Dreidimensionalität des Weizenkornes auf die Zweidimensionalität einer Fläche reduziert werden, auf die Fläche eines winzigen Quadrats von 4 mm². Wenn ich ein Quadrat verdoppele, erhalte ich ein Rechteck, verdoppele ich dieses wieder ein Quadrat und so weiter. Nur kommt man nach einiger Zeit an eine räumliche Grenze und damit ergeben sich Schwierigkeiten: Wie groß auch immer das Papier sein mag, auf dem diese Verdoppelungen stattfinden, irgendwann — und zwar immer zu früh — ist es zu klein. Ich mußte also etwas wie eine Übersetzung finden und zwar eine, die allgemeinverständlich ist. Einen Maßstab, der eine allgemeine Übereinkunft über die Größenordnung des beschriebenen Raumes beinhaltet.

Wo treffen nun diese Voraussetzungen zu? Bei Landkarten. Sie sind so allgemeinverständlich, daß jeder damit Vorstellungen von Größe und Entfernungen verbindet, besonders wenn es sich um Karten von Gebieten handelt, die den meisten vertraut sind und deren Bild sie schon öfters gesehen und von deren Umfang und Aussehen sie eine ungefähre Vorstellung haben. Die Grundrisse und Karten mußten einerseits mathematisch den richtigen Maßstäben entsprechen, andererseits bezeichnend sein, d. h. den Übereinkünften von Vorstellungen folgen.

Nun kann man grundsätzlich einwenden, daß die Frage der Verdoppelung als solche auch ganz abstrakt betrieben werden kann, ich meine, ohne Verwendung der *Weizenkornlegende.* Aber gerade die Begrenzung durch die 64 Felder, was so wenig zu sein scheint, macht das Problem so prägnant.

Das ständig wieder Faszinierende ist nun die Tatsache, daß das Problem als solches abstrakt bleibt, aber immer wenn ich die Arbeit sehe, wird der Weg der Verdoppelung und damit die Lösung konkret, das heißt: Ich sehe die Arbeit und begreife.

Rune Mields

Der Arbeit liegt das Problem der Verdoppelung anhand der *Weizenkornlegende* zugrunde, jener Progression, die sich auf dem Schachbrett abspielt und die ein Teil ist der Legende über die Erfindung des
Schachspiels.

Das Weizenkorn wurde einem Quadrat von 4 mm^2 gleichgesetzt
und dem Schachbrett folgend stets verdoppelt, so daß sich aus dem
Quadrat ein Rechteck ergibt, aus diesem wieder ein Quadrat usw.

Bei dem 16. Feld ist das Papier quasi von dem Rechteck ausgefüllt
und die Verdoppelung dieses Rechtecks wird ein winziges Quadrat
(nach Umrechnung auf den Maßstab 1:500) in der Vierung des Kölner
Doms.

Bei Blatt 32 (entspricht dem 32. Feld des Schachbrettes) ist der Kölner Dom abgedeckt und die Verdoppelung des Rechtecks ergibt das
Quadrat (Blatt 33) in der Mitte der Stadt Köln (Standpunkt des Domes)
nach Umrechnung auf den Maßstab 1:125000. Auf Blatt 48 sind die
politischen Grenzen der Stadt Köln praktisch unter dem Rechteck ver-
schwunden, welches verdoppelt dem winzigen Quadrat auf Blatt 49 in
Europa nach Umrechnung auf den Maßstab 1:25000000 entspricht.

Das Rechteck auf Blatt 64 (letztes Feld des Schachbrettes) deckt
nicht nur Europa vollständig zu, sondern auch den Nordpol und geht
weit nach Afrika hinein.

Für die Buchausgabe wurde die Arbeit im Maßstab 1:2 reprodu-
ziert.

R. M.

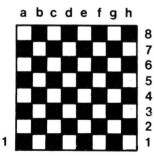

1. Schachbrettfeld   1   Maßstab 1 : 2

.

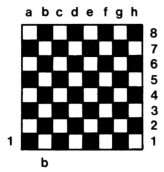

2. Schachbrettfeld 2¹   2   Maßstab 1 : 2

■

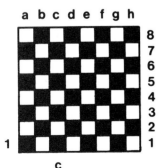

3. Schachbrettfeld 2^2 4   Maßstab 1 : 2

■

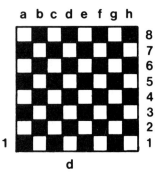

4. Schachbrettfeld 2^3 8   Maßstab 1 : 2

∎

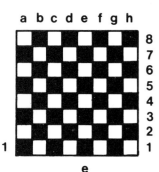

5. Schachbrettfeld 2^4 16   Maßstab 1 : 2

■

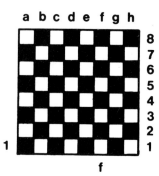

6. Schachbrettfeld 2^5 32   Maßstab 1 : 2

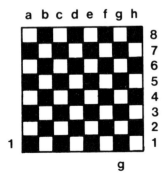

7. Schachbrettfeld 2^6 64   Maßstab 1 : 2

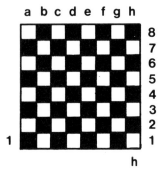

8. Schachbrettfeld 2^7 128 Maßstab 1:2

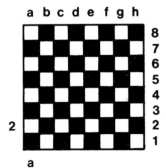

9. Schachbrettfeld 2^8 256   Maßstab 1 : 2

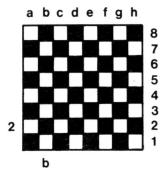

10. Schachbrettfeld 2^9　　512　　Maßstab 1 : 2

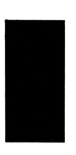

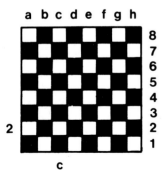

11. Schachbrettfeld 2^{10} 1024 Maßstab 1 : 2

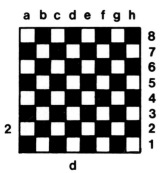

12. Schachbrettfeld 2^{11} 2048   Maßstab 1 : 2

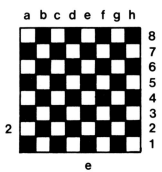

13. Schachbrettfeld 2^{12} 4096   Maßstab 1:2

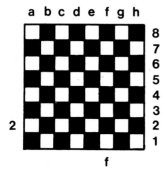

14. Schachbrettfeld 2^{13} 8192   Maßstab 1 : 2

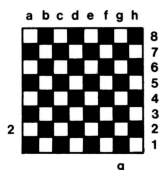

15. Schachbrettfeld 2^{14} 16384   Maßstab 1 : 2

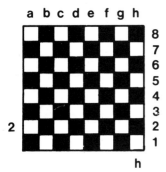

16. Schachbrettfeld 2^{15} 32768   Maßstab 1 : 2

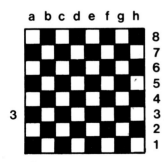

17. Schachbrettfeld 2^{16} 65536   Dom zu Köln 1 : 1000

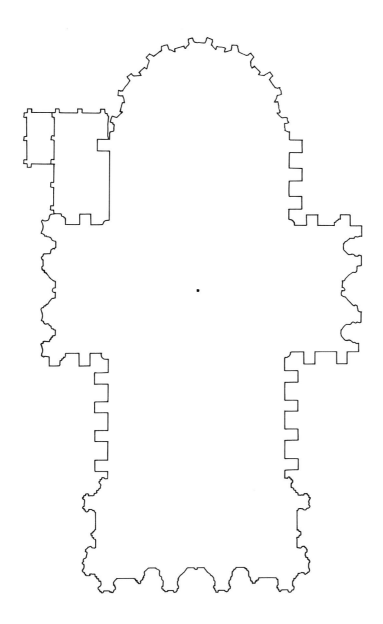

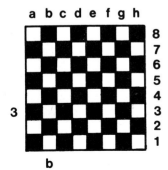

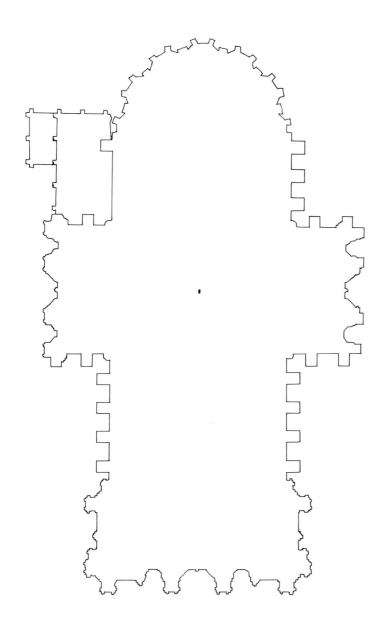

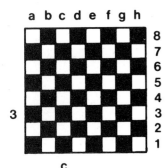

19. Schachbrettfeld 2^{18} 262144   Dom zu Köln 1 : 1000

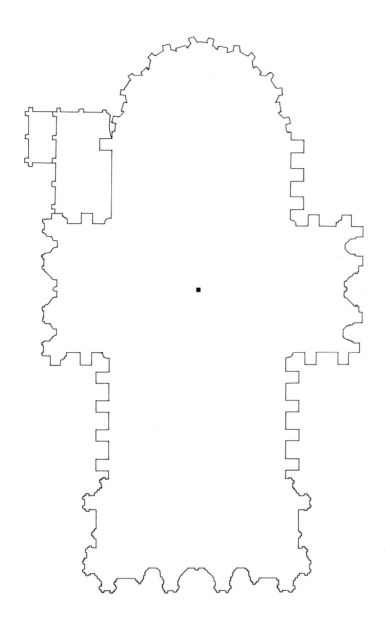

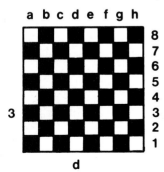

20. Schachbrettfeld 2^{19} 524288   Dom zu Köln 1 : 1000

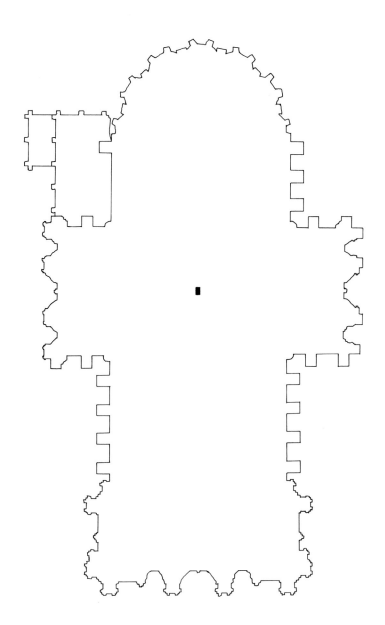

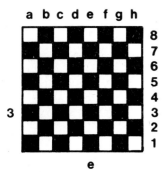

21. Schachbrettfeld 2^{20} 1048576   Dom zu Köln 1 : 1000

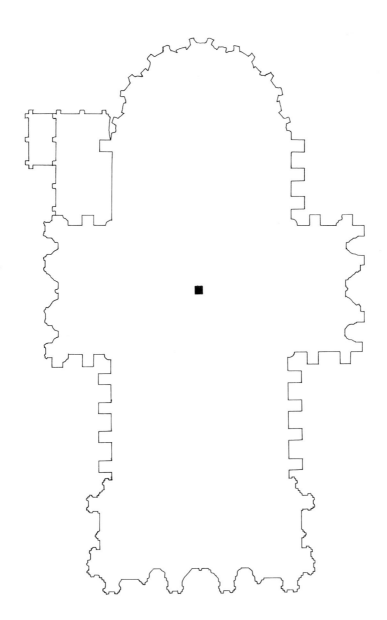

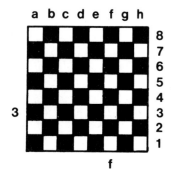

22. Schachbrettfeld 2^{21} 2097152   Dom zu Köln 1 : 1000

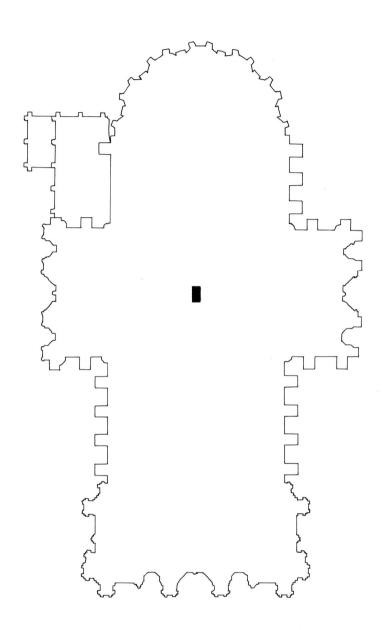

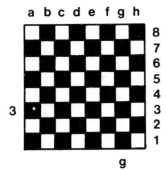

23. Schachbrettfeld 2^{22} 4194304   Dom zu Köln 1 : 1000

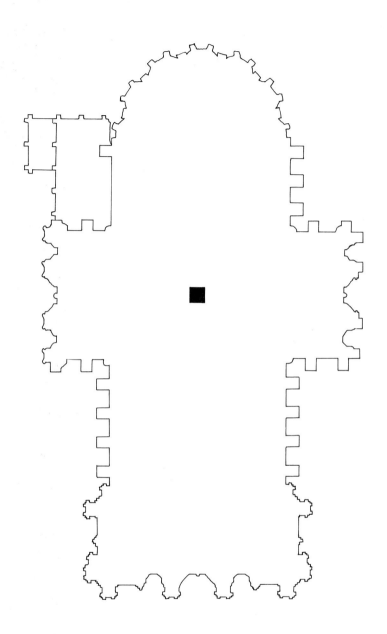

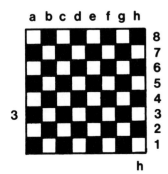

24. Schachbrettfeld 2^{23} 8388608   Dom zu Köln 1 : 1000

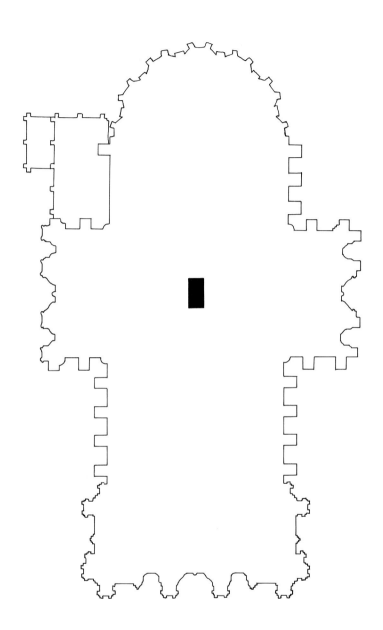

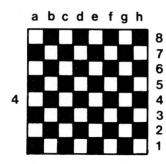

25. Schachbrettfeld 2^{24} 16777216   Dom zu Köln 1 : 1000

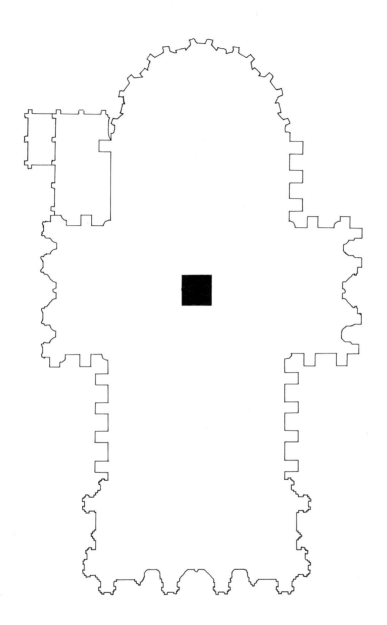

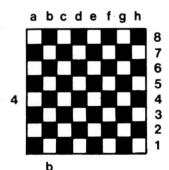

26. Schachbrettfeld 2^{25} 33554432   Dom zu Köln 1 : 1000

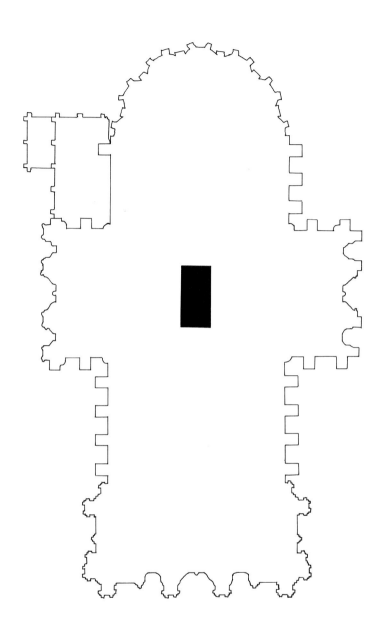

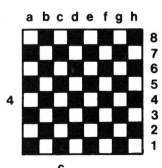

27. Schachbrettfeld 2^{26} 67108864   Dom zu Köln 1 : 1000

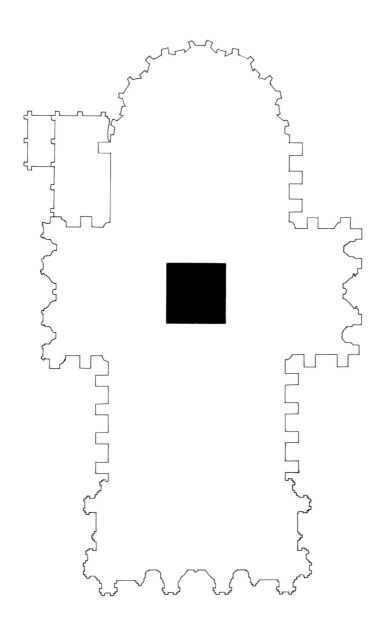

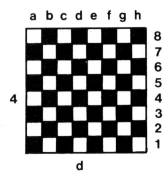

28. Schachbrettfeld 2^{27} 134217728   Dom zu Köln 1 : 1000

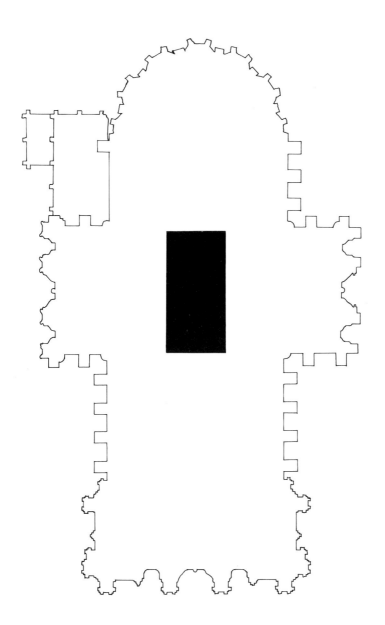

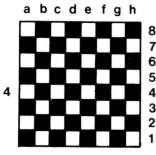

29. Schachbrettfeld 2^{28} 268435456   Dom zu Köln 1 : 1000

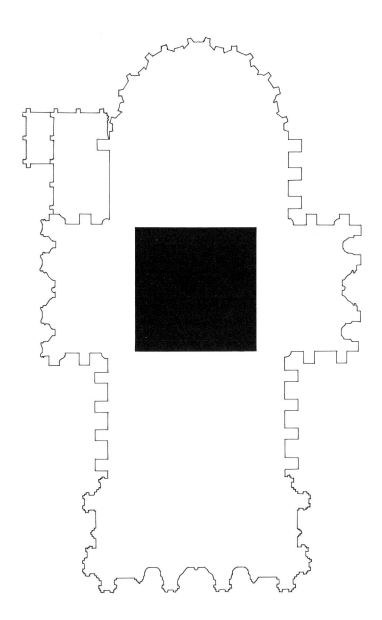

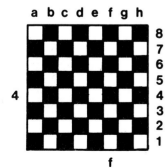

30. Schachbrettfeld 2^{29} 536870912   Dom zu Köln 1 : 1000

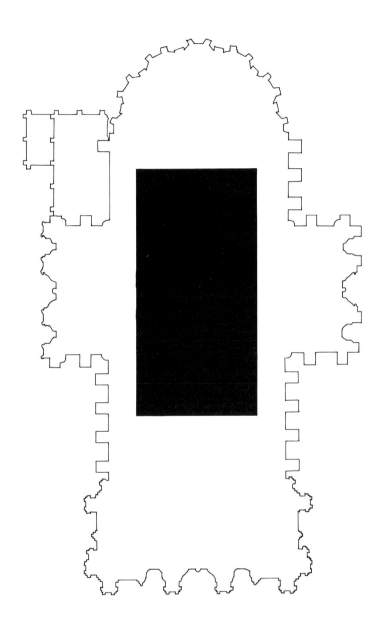

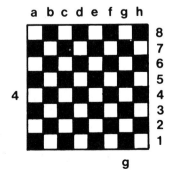

31. Schachbrettfeld 2^{30} 1073741824   Dom zu Köln 1 : 1000

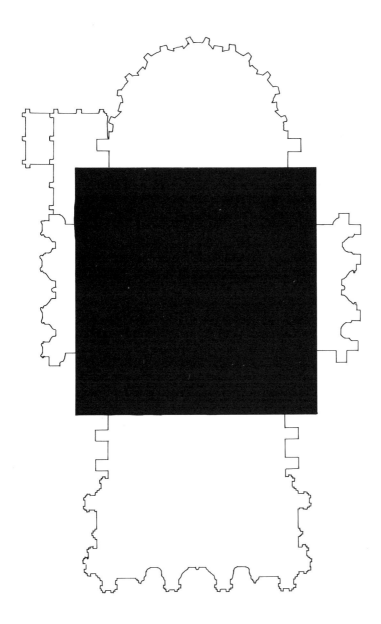

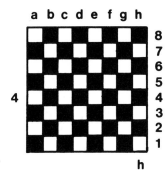

32. Schachbrettfeld 2^{31} 2147483648   Dom zu Köln 1 : 1000

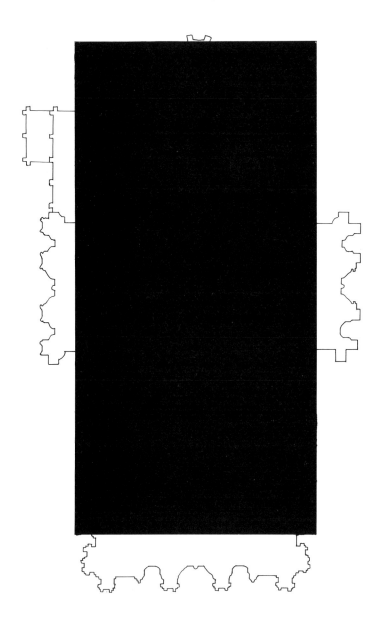

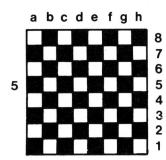

33. Schachbrettfeld 2^{32} 4294967296   Stadt Köln 1 : 250 000

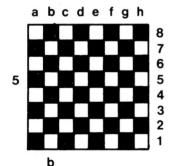

34. Schachbrettfeld 2³³   8589934592   Stadt Köln 1 : 250 000

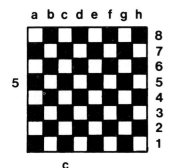

35. Schachbrettfeld 2^{34} 17179869184 Stadt Köln 1 : 250 000

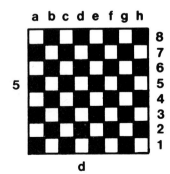

36. Schachbrettfeld 2^{35} 34359738368   Stadt Köln 1 : 250 000

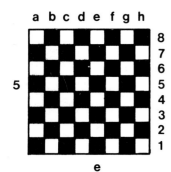

37. Schachbrettfeld 2^{36} 68719476736   Stadt Köln 1 : 250 000

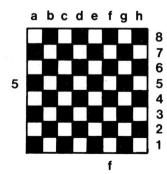

38. Schachbrettfeld 2^{37} 137438953472 Stadt Köln 1 : 250 000

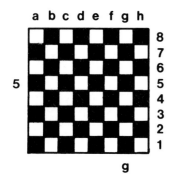

39. Schachbrettfeld 2^{38} 274877906944   Stadt Köln 1 : 250 000

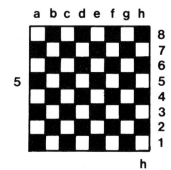

40. Schachbrettfeld 2^{39} 549755813888   Stadt Köln 1 : 250 000

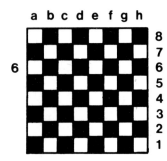

41. Schachbrettfeld 2^{40} 1099511627776   Stadt Köln 1 : 250 000

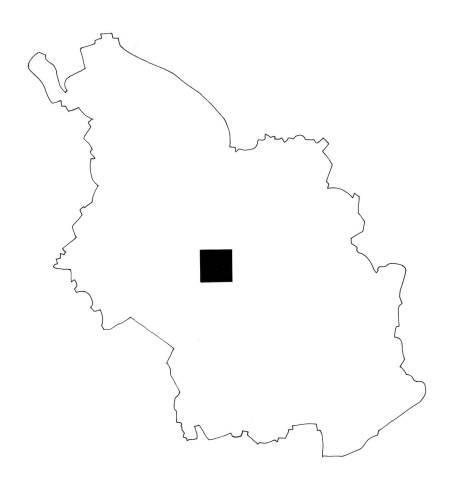

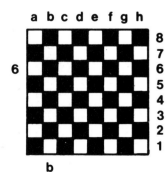

42. Schachbrettfeld 2^{41} 2199023255552   Stadt Köln 1 : 250 000

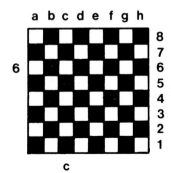

43. Schachbrettfeld 2^{42} 4398046511104   Stadt Köln 1 : 250 000

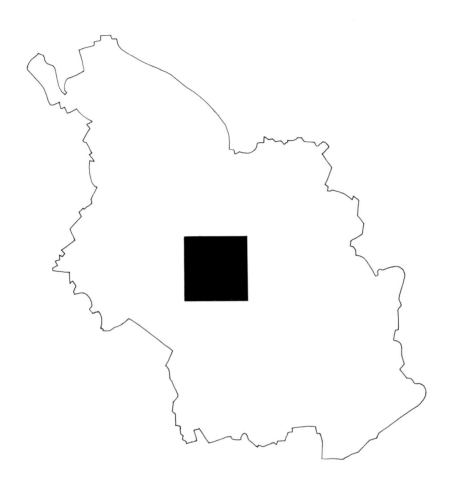

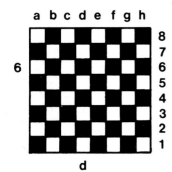

44. Schachbrettfeld 2^{43} 8796093022208   Stadt Köln 1 : 250 000

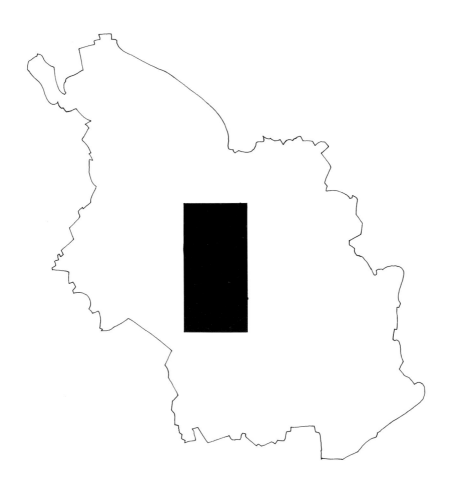

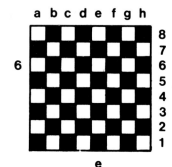

45. Schachbrettfeld 2^{44} 17592186044416   Stadt Köln 1 : 250 000

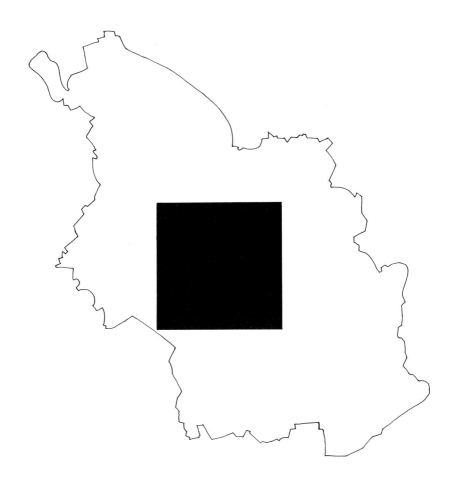

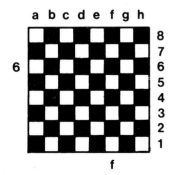

46. Schachbrettfeld 2^{45} 35184372088832   Stadt Köln 1 : 250 000

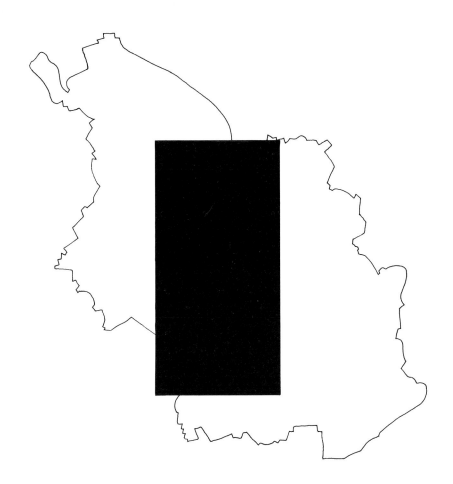

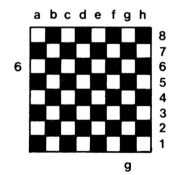

47. Schachbrettfeld 2^{46} 70368744177664   Stadt Köln 1 : 250 000

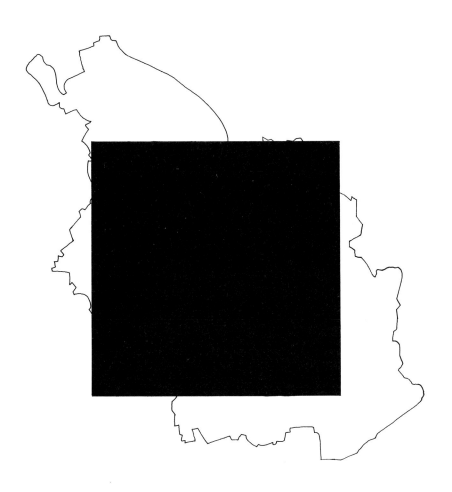

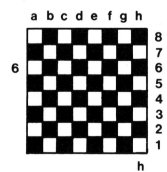

48. Schachbrettfeld 2^{47} 140737488355328   Stadt Köln 1 : 250 000

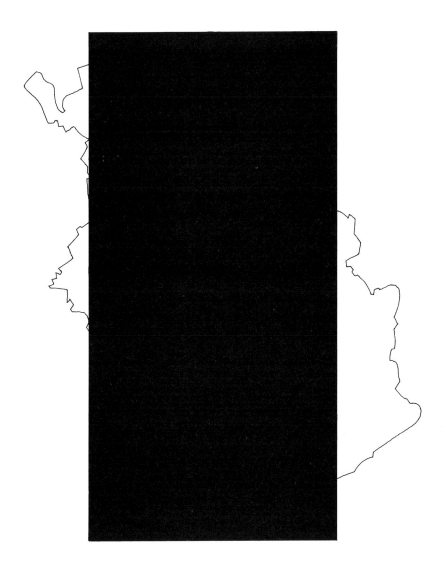

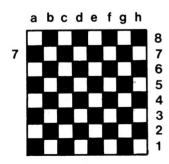

49. Schachbrettfeld 2⁴⁸   281474976710656   Europa 1 : 50 000 000

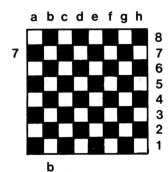

50. Schachbrettfeld 2^{49} 562949953421312   Europa 1 : 50 000 000

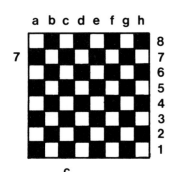

51. Schachbrettfeld 2^{50} 1125899906842624   Europa 1 : 50 000 000

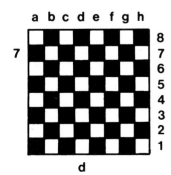

52. Schachbrettfeld 2^{51} 2251799813685248   Europa 1 : 50 000 000

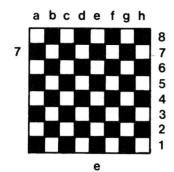

53. Schachbrettfeld 2^{52} 4503599627370496   Europa 1 : 50 000 000

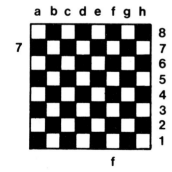

54. Schachbrettfeld 2^{53} 9007199254740992   Europa 1 : 50 000 000

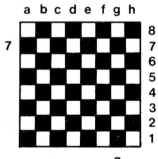

55. Schachbrettfeld 2^{54} 18014398509481984   Europa 1 : 50 000 000

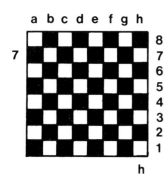

56. Schachbrettfeld 2^{55} 36028797018963968   Europa 1 : 50 000 000

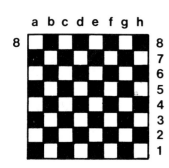

57. Schachbrettfeld 2^{56} 72057594037927936   Europa 1 : 50 000 000

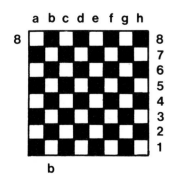

58. Schachbrettfeld 2^{57} 144115188075855872   Europa 1 : 50 000 000

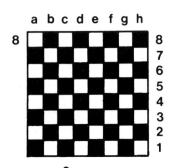

59. Schachbrettfeld 2^{58} 288230376151711744   Europa 1 : 50 000 000

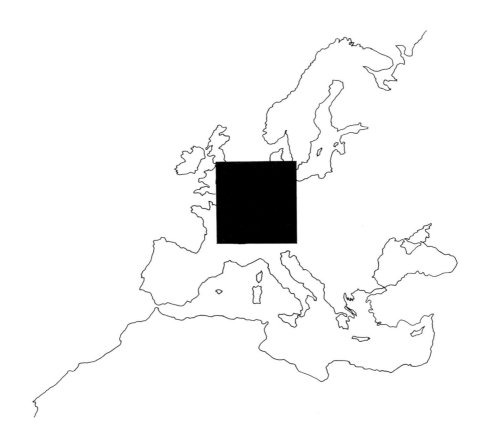

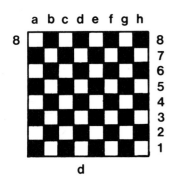

60. Schachbrettfeld 2^{59} 576460752303423488 Europa 1 : 50 000 000

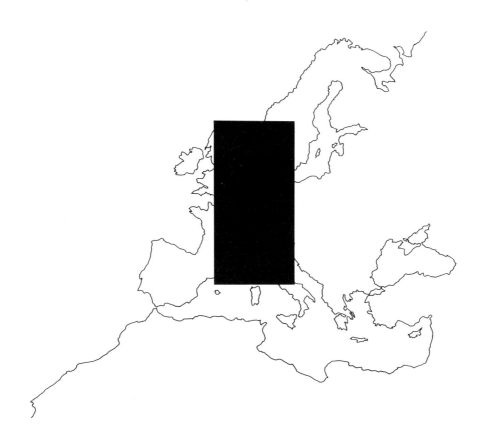

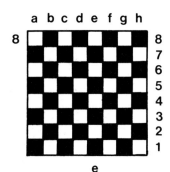

61. Schachbrettfeld 2^{60} 1152921504606846976   Europa 1:50000000

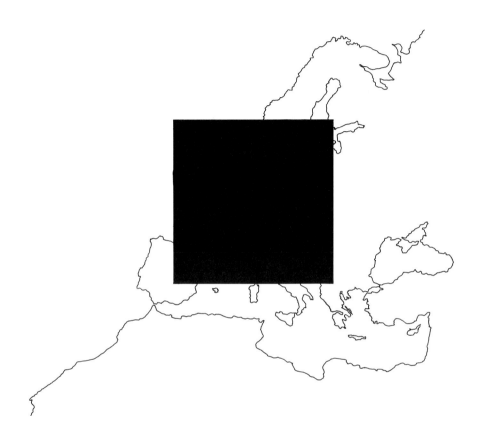

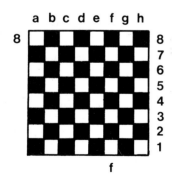

62. Schachbrettfeld 2^{61} 2305843009213693952   Europa 1 : 50 000 000

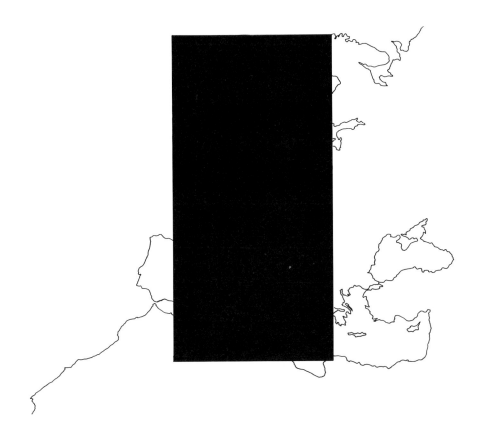

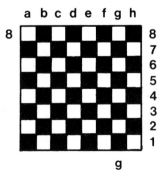

63. Schachbrettfeld 2^{62} 4611686018427387904   Europa 1 : 50 000 000

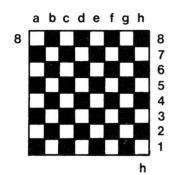

64. Schachbrettfeld 2^{63} 9223372036854775808   Europa 1 : 50 000 000

Das Wunder des Weisen:

Die Summe aller 64 Felder ergibt die
doppelte Fläche des 64. Feldes, abzüglich 4 mm².

$2^{64} - 1$ 18446744073709551615   Maßstab 1:50 000 000